正統風味、名店配方、升級口感，33款成功率100%的好吃配方

絶品！バスクチーズケー

巴斯克乳酪蛋糕

藤澤Celica 著　葉明明 譯

WHAT IS
BASQUE
CheeseCake

時下引爆話題的
「巴斯克乳酪蛋糕」是什麼？

最近在便利商店異軍突起，造成轟動熱賣的乳酪蛋糕甜點「Baschee」，就是「巴斯克乳酪蛋糕」。乍看之下只是一顆極為普通的小小杯子蛋糕，卻散發出濃郁的乳酪味與誘人的焦糖香氣，從未品嘗過的全新口感擄獲了所有人的心。事實上這顆小小的蛋糕，起源於西班牙北部的「巴斯克」自治區裡一個濱海的城市聖賽巴斯提安（San Sebastian），在當地的酒吧裡從以前就一直習慣將「巴斯克乳酪蛋糕」拿來當成佐酒的點心。

在以美食城市聞名的聖賽巴斯提安，有無數的酒吧可以品嘗到各式各樣以牙籤串起的下酒菜Pincho，和傳統的西班牙開胃菜Tapas，再佐以巴斯克當地產的微氣泡白酒Chacoli或其他種類的葡萄酒。然而最後絕對少不了的一道甜點就是這款乳酪蛋糕。巴斯克乳酪蛋糕與中度酒體葡萄酒的組合，堪稱是最經典的巴斯克STYLE。

如同烤焦般漆黑的外觀搭配半熟內餡，不帶酸味的口感是巴斯克乳酪蛋糕的特色，是一款結合了烤乳酪蛋糕與半熟乳酪蛋糕兩方優點的美味甜點。滑順的口感與無法形容的舌尖觸感，只要吃過一次就令人難以忘懷。

使用大一點的模具來烘烤，然後切成一塊一塊提供，是聖賽巴斯提安的當地風格。原因是使用大型的模具烘烤，更能充分感受滑順柔嫩的內餡口感。

本書中介紹了許多我在巴斯克當地各式各樣的酒吧中，親自品嘗後研究而來的食譜，有些也稍微做了一點變化。

從大型模具製作到便利商店風的小巧蛋糕，為了能讓大家依照個人喜好的大小做出美味的乳酪蛋糕，在份量的調整上我特別做了一些努力。如果想要感受當地正統的滑嫩感，我建議使用大一點的模具，但即便是使用瑪芬蛋糕的小型模具製作，美味程度也絕對不會扣分。

所需基本材料只有五種！只要照著書中所教的方法一步一步的完成，你也可以在短時間內成為巴斯克乳酪蛋糕達人！

藤澤Celica

Basque

France

Spain

Madrid

Barcelona

Valencia

Sevilla

CONTENTS

BASQUE
Cheese Cake
PART
1

超人氣！
正宗經典美味
巴斯克乳酪蛋糕

BASQUE
Cheese Cake
PART
2

超濃郁！
各種乳酪風味
巴斯克乳酪蛋糕

Journey to **BASQUE** 我的巴斯克探訪記 **2**

正宗的巴斯克乳酪蛋糕

要和葡萄酒一起享用 58

BASQUE
Cheese Cake
PART 3

超吸睛！
創新口味變化
巴斯克乳酪蛋糕

Journey to **BASQUE** 我的巴斯克探訪記 **3**

在巴斯克尋找難忘的感動美食 85

需要準備的工具

製作巴斯克乳酪蛋糕時，只需要使用平時廚房裡會用到的工具就可以了。

調理盆

為了混合所有材料，請選擇廣口、夠深且大的調理盆。最好是隔水加熱時容易導熱的不鏽鋼材質。

量碗／量杯

請準備兩個小一點的量碗，塑膠製的會比較輕巧好用。量杯則是計量鮮奶油時的必備品。

玻璃小皿

計量少量的麵粉時，小一點的玻璃皿就十分方便。選擇透明容器，會更方便確認麵粉是否沾黏。

茶葉濾網

需要撒少量麵粉時可以派上用場，網篩太大反而不好用。

隔水加熱用的鍋

選擇可以容納調理盆底部、口徑較寬的鍋，或是較深的平底鍋也OK。

電子秤

測量粉類等較精細的計量超方便。建議選擇從1g到2kg都能測量的款式。

打蛋器

準備一支用來混合全部材料的打蛋器。再備妥1～2支小型打蛋器，可以分別用來混合少量材料。

橡膠刮刀

用來攪拌奶油乳酪、將麵糊倒入時會使用到。如果各備有一支前端硬質和軟質的刮刀會更方便。

橫口長柄勺

將麵糊倒入瑪芬蛋糕模具時會使用到，單側有口的橢圓形柄勺會比圓形湯勺更合適。

基本的材料

製作基本款巴斯克乳酪蛋糕，只需要五種材料就能完成。

細砂糖

為了增加甜味而使用。一般來說製作甜點都會使用細砂糖，也可以使用自己喜好的砂糖種類。

雞蛋

選擇新鮮的雞蛋，尺寸約為M～L。紅殼或白殼雞蛋都OK。只不過如果蛋黃的顏色較深，完成的乳酪蛋糕也會偏黃。

麵粉

使用低筋麵粉。過敏的人可以用玉米粉、米粉或日式太白粉來取代，只不過在口感上會比較黏稠。

鮮奶油

建議使用動物性脂肪含量在35～45%的產品。如果不喜歡動物性鮮奶油或很在意卡洛里的人，選擇植物性也OK。

奶油乳酪

最好選擇鹽分較少的產品。奶油乳酪一經冷凍就會油水分離，因此只需要購入可以一次用完的份量即可。

9

HOW TO MAKE
基本製作方式

在這裡要特別傳授給大家能完成超美味、
口感獨特的巴斯克乳酪蛋糕的獨門零失敗技巧。
雖然步驟十分簡單，只需要將材料一樣、一樣混合就可以了，
但還是需要掌握一些訣竅。

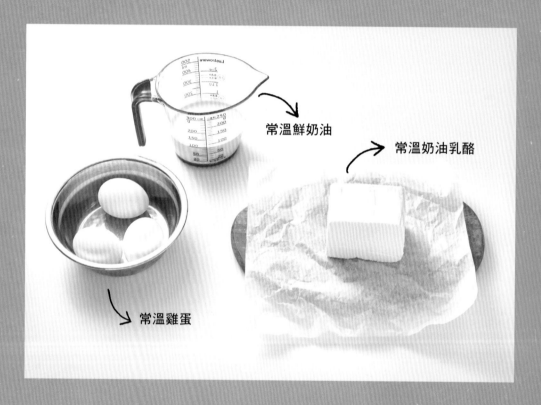

常溫鮮奶油

常溫奶油乳酪

常溫雞蛋

事前準備

想要做出美味的巴斯克乳酪蛋糕雖然只需要五種食材，但是絕大部分都需要
在冰箱內冷藏保存。奶油乳酪經過冷藏後會變硬、不好攪拌，也很難加入其
他食材也一起攪拌均勻。此外，鮮奶油和雞蛋也是太冰就不容易攪拌均勻，
所以在開始製作蛋糕的30分鐘前（視季節而定）就要將材料先從冰箱裡拿出
來，等回復至20～25℃的常溫後再開始製作。
＊請將烤箱預熱至220℃。

STEP.1

材料要精準測量

製作甜點的基本原則就是要精準的測量。如果只是隨便量一下，很容易沒烤熟或是無法凝固，往往成為導致失敗的原因之一，請特別注意。此外，測量時所使用的調理盆等器皿，在準備階段就要仔細確認是否沾到了水氣或是髒污。

奶油乳酪

在容量較深的大調理盆中放入奶油乳酪秤重。這個時候不要整塊放入，先切成薄片比較容易變軟。

砂糖

製作時使用細砂糖。即便想調高甜度，放太多砂糖會導致蛋糕容易烤焦，請特別注意。

雞蛋

雞蛋先在別的容器裡打好攪拌均勻，再倒入調理盆內秤重。

麵粉

因為只需要使用少量的麵粉，所以盡可能選擇小一點的容器，例如透明的玻璃小皿來秤重。

鮮奶油

選擇一款方便引流的量杯。製作巴斯克乳酪蛋糕時的測量單位是公克，而不是毫升。

STEP.2

準備烘焙模具

提起巴斯克乳酪蛋糕，獨特的外型正是特色之一。其原因就來自於鋪滿了整個模具的烘焙紙。「真的這樣就可以了嗎？」剛開始可能會為這毫無章法的鋪墊方式感到懷疑，然而在烘烤的過程中慢慢就會理解，原來這樣的鋪法可以防止蛋糕體滿溢、烤好後也較容易從模具裡拿出來。

在模具內塗上一層油

為了預防烘焙紙沾黏在模具上，要在模具內側塗上薄薄的一層油。

包上鋁箔紙

在模具的側面包上鋁箔紙。如此一來可以緩和熱傳導，防止側面烤焦。

3

裁切烘焙紙

將烘焙紙裁切成比模具大小約多出10cm的長度。依烘焙紙和模具大小的不同，需要準備1～2張。

4

鋪上烘焙紙

在模具上方放上烘焙紙，將中心部分按壓至模具底部，四周要與模具側面貼合。

5

以手指按壓

如同沿著整個圓形模具，以手指一邊按壓一邊鋪上烘培紙。此時要留意將烘焙紙重疊的部分確實鋪平。

6

模具準備完成

整體看起來就像是紙製的器皿。邊緣有一些些翹起來也沒關係，麵糊流進去就能將烘培紙攤平。如果烘焙紙超出模具太多，也可以用剪刀修剪整齊。

STEP.3

攪拌奶油乳酪

將奶油乳酪攪拌至滑順。這個時候絕對不要使用手持電動攪拌器！如果以電動快速攪拌會無法打至滑順。首先使用橡膠刮刀將奶油乳酪壓碎，如果太硬可以隔水加熱同時輕輕攪拌，待呈乳霜狀後再換用打蛋器來攪拌。

隔水加熱

把水燒開，待溫度下降至50℃，便可將裝有奶油乳酪的調理盆底部浸入熱水中。

用橡膠刮刀來攪拌

用手指按壓奶油乳酪，感覺變軟後就不需要再隔水加熱，用橡膠刮刀仔細攪拌至乳霜狀為止。如果變硬的話就再一次隔水加熱。

換成打蛋器來攪拌

待奶油乳酪變成柔軟的乳霜狀之後，就將橡膠刮刀換成打蛋器，繼續充分攪拌軟化。

STEP.4

篩入麵粉

只需要加入一點點麵粉即可,這也是巴斯克乳酪蛋糕的特色之一。正因用量少,不需要使用大型網篩,可以利用茶葉濾網的大小剛剛好。

使用茶葉濾網篩麵粉
先準備好在下一個步驟中,要用來混合鮮奶油的調理盆,並用茶葉濾網篩入麵粉。

STEP.5

與鮮奶油混合攪拌

將麵粉與鮮奶油混合。此時選擇小一點的打蛋器會比較方便。慢慢仔細地攪拌,一直到沒有粉感為止,最後就會變成乳霜狀。這個環節非常重要,當所有材料混合時,粉體就會逐漸融成一體,變得相當滑順。

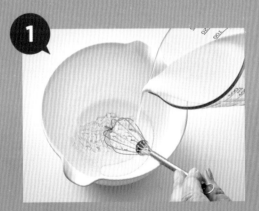

在麵粉裡倒入鮮奶油
在篩入麵粉的調理盆中倒入份量約1/3的鮮奶油,充分混合均勻。

慢慢充分攪拌均勻
待鮮奶油與麵粉融合之後,再把剩餘的鮮奶油分成兩次倒入,慢慢仔細攪拌均勻。

STEP.6

依序加入材料

雖然只要在打軟的奶油乳酪裡依序加入材料就可以了，但必須遵循的重點是「每一樣都要仔細攪拌均勻」。儘管材料不多，只需要混合攪拌後放進烤箱就OK，沒有什麼繁複的製作過程，也正因如此，攪拌方式反而是美味與否的決定性關鍵。

將細砂糖分次放入

在放了奶油乳酪的調理盆中，分3次加入細砂糖。每一次都必須仔細攪拌均勻再繼續進行。

攪拌到沒有顆粒感為止

細砂糖全部加入後充分攪拌，直到完全沒有顆粒感為止。

放入雞蛋攪拌均勻

一開始只要倒入約 1/3 的蛋液即可，然後仔細攪拌均勻。

重複步驟 3 的動作

把剩餘的蛋液分成 2 次倒入，每一次都必須仔細攪拌均勻。

加入鮮奶油

將混合均勻的麵粉與鮮奶油（STEP5），先倒入一半充分攪拌均勻。

加入剩餘的材料

接下來把剩餘的鮮奶油全部倒入，一直攪拌到滑順均勻為止。

STEP.7

成功祕訣：
一定要充分攪拌！

仔細、慢慢地攪拌均勻，是製作美味巴斯克乳酪蛋糕的祕訣。大原則是充分攪拌直到麵糊變成滑順的質地，但也有人會覺得光從外觀很難判斷，因此建議大家不妨計時3分鐘。在這3分鐘裡慢慢依順時針方向攪拌（當然反方向也是OK的）。此時請記得絕對不能打到起泡！如果讓空氣跑進去，烘烤時麵糊雖然會膨脹，一旦冷卻後就會縮得很嚴重。

開始！
計時3分鐘，慢慢仔細攪拌均勻。

POINT

攪拌得太快絕對NG！

千萬不要因為擔心無法充分攪拌均勻，就快速轉動打蛋器或使用電動攪拌器，這樣反而會讓鮮奶油起泡，麵糊整體也會變硬。

POINT

雖然依季節會有所不同，但請事先準備好可以用來隔水加熱的50℃熱水。

如果感覺麵糊有點變硬了，就立即隔水加熱、繼續慢慢攪拌。這是讓麵糊變滑順的重要步驟！

熱水的溫度
所謂50℃的熱水，大約是手指放入會感到「有點燙」的程度。倘若以高溫隔水加熱，奶油乳酪很容易焦掉，請特別注意！

小心避免麵糊變硬

攪拌過程中麵糊有可能會變硬。一旦變硬就無法打成滑順的質地，請特別留意。

隔水加熱

如果麵糊變硬，需要用力才能攪拌，請將調理盆的底部浸入裝有50℃熱水的鍋中隔水加熱，持續慢慢攪拌均勻。

一邊隔水加熱，一邊攪拌

打蛋器的前端要完全浸入麵糊中，慢慢朝同一方向攪拌移動。

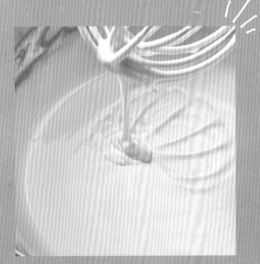

麵糊攪拌完成！

將打蛋器稍稍舉起，麵糊會滑順滴落至調理盆中即可。如同照片中柔滑的質地就對了。

STEP.8

將麵糊倒入模具中

麵糊攪拌完成後就要倒入模具中。此時，要從稍微高一點的位置（距離模具上方約15公分左右）倒入麵糊。這樣可以排出麵糊裡的空氣，讓烤出來的蛋糕更漂亮。倒入麵糊時，請以模具內所鋪烘焙紙的底部中央為目標。

倒入麵糊

以模具內所鋪烘焙紙的底部中央為目標，倒入麵糊。麵糊份量（請參照p.15）必須配合模具，沾附在調理盆內剩餘的麵糊，就使用橡膠刮刀刮乾淨，一併倒入模具。

將空氣排出

把倒入麵糊的模具或瑪芬模具提起離桌面，從約15公分左右高度垂直放下，以助排出麵糊內的空氣。重複動作約3～4次。

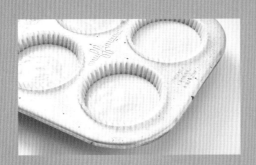

使用圓形模具時

使用瑪芬模具時

POINT

倒入麵糊的份量

使用小型模具或瑪芬模具時，如果將烘焙紙杯內的麵糊倒太多，烘烤過程中就會溢出，所以只要裝入8分滿即可。

STEP.9

放進烤箱中烘烤

將模具放入已預熱至220℃的烤箱內烘烤。烘烤時間依模具大小而異，請另行確認。此外，不同的烤箱在溫差和特性上也有所不同，建議一開始就要先仔細確認清楚。

放進烤箱中

依烤箱的類型不同，如果是3段式請設定在中段、2段式則設定在1段。盡可能將模具放在烤盤中央。

STEP.10

冷卻

巴斯克乳酪蛋糕的冷卻方式也有所訣竅。蛋糕的中央部分必須是軟嫩嫩的半熟狀態，所以中間一定要先冷卻。在正宗巴斯克地區的酒吧裡，有一種乳酪蛋糕專用架，上面打了很多的洞。想要達到同樣的效果，我們可以利用鋁箔紙和蛋糕冷卻架製作一個改良版的架子。

製作專用冷卻架

將鋁箔紙裁得稍微長一點，留下蛋糕冷卻架的中央部分把周圍包覆起來。

將模具放在架上冷卻

蛋糕烤好後，連同模具放上自製的冷卻架，等待一段時間放涼。

從模具中取出蛋糕

等放涼至可以觸碰的程度，就抓住模具外圍的烘焙紙，將蛋糕從模具中輕輕取出，蛋糕底部中央對準沒有包覆鋁箔紙的部分放上冷卻架。就這樣放置5小時左右。

＊如果使用瑪芬模具，就放在沒有包覆鋁箔紙的蛋糕冷卻架上放涼。然後把蛋糕從模具中取出，再一次放在蛋糕冷卻架上冷卻。使用小型模具來烘烤無論加熱或冷卻速度都很快，所以烤好後一定要盡快將蛋糕從模具裡取出來。

如何判斷蛋糕烤好了？

蛋糕烤好的標準，就是將模具拿起來時，蛋糕體會呈現充滿彈性的半熟狀態。

但是，如果表面裂開有液體流出來，就表示還沒有烤好，需要再追加烤個5分鐘左右。如果覺得「好像有點太軟了呢」，放冷後反而會是剛剛好的狀態。

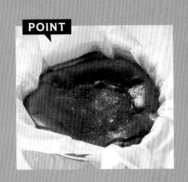

FINISH

巴斯克乳酪蛋糕
完成！

由於使用高溫烘烤，表面焦黑也是巴斯克乳酪蛋糕的特徵之一。放涼後要放入冷藏室內保存，但享用時還是放至常溫最為美味。依季節不同可能稍有差異，通常在享用前30分鐘左右先從冷藏室裡拿出來恢復溫度。切片時如果發現蛋糕的中央部分相當Q彈，就表示烤得非常成功！

中間軟嫩Q彈
超美味！

巴斯克乳酪蛋糕切開後的剖面會呈現軟嫩的半熟狀態，所以基本上都是使用湯匙而不是叉子來吃。是比單吃乳酪更能享受濃郁風味的大人感甜點。

烘焙模具的尺寸和份量、溫度、烘烤時間

巴斯克乳酪蛋糕需要使用大一點的模具烤出來才會漂亮。原因就在於熱力的傳導方式。模具愈大熱力要傳達到中央的速度就愈慢，也比較容易形成軟嫩Q彈的半熟狀態。只不過，在家中製作時一般都會使用小一點的模具，所以我特別依模具的尺寸別，將份量、溫度和烘烤時間做成表格。模具愈小蛋糕中間的Q彈感也會愈少，但風味是不會改變的。烘烤時間依烤箱不同會有些許差異，大家可以利用預估值來作為準則。

喜歡半熟食感
就用大模具

記得要
精準測量

尺寸 （直徑）	奶油 乳酪	細砂糖	雞蛋	麵粉	鮮奶油	溫度／烘烤時間 （時間為預估值）
24cm	1000g	340g	390g	30g	500g	220℃／40分鐘
20cm	500g	160g	200g	15g	250g	220℃／40分鐘
18cm	450g	150g	180g	13g	250g	220℃／35分鐘
15cm	300g	100g	125g	9g	180g	220℃／30分鐘
12cm／6個	320g	110g	130g	10g	180g	220℃／20分鐘
9cm／8個	200g	60g	78g	6g	100g	200℃／15分鐘

※ 每一道食譜下方都有備註，如果想要在麵糊中做一些調整變化，加入的食材與奶油乳酪的合計份量就是此表中標示「奶油乳酪的份量」。

巴斯克乳酪蛋糕
Q&A

為大家解答關於巴斯克乳酪蛋糕的小疑問！

Q1 「Baschee」和巴斯克乳酪蛋糕不一樣嗎？

A 「Baschee」是日本某大連鎖便利商店獨自開發的商品，應該是以巴斯克乳酪蛋糕為靈感開發製作。雖然調味不太一樣，但是柔滑的口感和外觀都與巴斯克乳酪蛋糕十分相似喔。

Q2 為什麼巴斯克乳酪蛋糕表面黑漆漆的呢？

A 巴斯克乳酪蛋糕的特色是中間軟嫩Q彈的半熟狀態。為了達到這樣的狀態，必須使用高溫烘烤，所以蛋糕表面看起來焦焦的，這也是跟其他乳酪蛋糕的最大不同之處。請把微焦的口感當成獨特的風味享受吧！

Q3 如何做出名店風味？

A 即便材料份量與製作方式相同，也會因烤箱不同影響烤出來的狀態和口感。而且家用烤箱與營業用烤箱的火力也不太一樣，無法做出上火、下火等細部設定，烤出來的狀態當然也會不一樣！本書將要告訴大家，如何在家中做出最接近店裡蛋糕風味的訣竅。

Q4 做不出市面上販售的樣子？

A 自己烤出來的蛋糕是否表面塌陷呢？在**Q5**會針對這點更詳細地說明，不過這完全不影響蛋糕的風味喔。而且市售商品為了保持蛋糕的澎潤感與拉長賞味期，多少都會加入防腐劑；自己烤的蛋糕雖然外型不見得能那麼完美，但因沒有使用任何添加物，使用安全原料製作更能安心享用，正是手作甜點的優點。

Q5 冷卻後蛋糕就塌陷了？

A 乳酪蛋糕的特性就是烤好後很容易回縮塌陷。若使用15～20cm大小的模具就不太容易回縮，如果是小型模具表面幾乎都會凹陷，不過蛋糕的風味不會受到影響。如果很介意外觀，可以選擇不容易塌陷的15cm以上的模具。

Q6 為什麼不能使用手持電動攪拌器呢？

A 因為巴斯克乳酪蛋糕沒有攪拌起泡的必要。也就是說避免空氣進入、材料能完全混合才是最重要的。前面有教大家要計時3分鐘仔細攪拌均勻，過程中就能從握著打蛋器的手感覺到材料的重量、以及在攪拌過程中愈來愈滑順的手感。

BASQUE
Cheese Cake

PART 1

超人氣！
正宗經典美味
巴斯克乳酪蛋糕

在店內甫上架就銷售一空、咖啡廳也大排長龍。空前熱潮
中的不可思議超人氣甜點，只要利用這份食譜，在家中也
能零失敗完美呈現。首要考量就是蛋糕的風味、以及可以
在家中輕鬆完成，外型反而是其次。完成品在外觀和大小
上或許會有一點點差異，是把在家中製作也不會失敗當做
第一要件的緣故。接下來，請大家一起來挑戰不輸道地口
感的巴斯克乳酪蛋糕吧！

在家就能做出便利商店的超熱賣甜點

焦糖風味巴斯克乳酪蛋糕

在剝開蛋糕紙杯的瞬間,底部溢出的焦糖醬令人印象深刻,
表面的焦糖香氣也很鮮明,是一道高質感的甜點。
製作重點是帶點焦苦味、大人也會喜歡的焦糖醬。

材料 9cm 瑪芬模具 份量8～9個

奶油乳酪 200g

帕瑪森乳酪(粉)..... 20g

細砂糖 60g

雞蛋 90g

麵粉 10g

鮮奶油 150g

◎焦糖醬(方便製作的份量)

砂糖(上白糖)..... 50g

水 50ml

熱水 50ml

* 事前準備工作,麵糊的製作方式請參照
p.10 ～ 23

POINT

焦糊感愈重,苦味就會跟著增加,可
依個人偏好在適當的時間點加入熱
水,防止繼續燒焦。此時,請留意不
要被熱水噴濺到。

作法

1　製作焦糖醬。在一只小鍋中放入砂糖和水以中火加熱,
一直到變成微焦的咖啡色為止,先靜置不需攪拌。

2　當步驟**1**的小鍋開始冒煙,鍋中液體變成微焦的咖啡色
之後,把熱水一次加入。 ⇒ **POINT**

3　趁著步驟**2**還熱的時候,在蛋糕紙杯的底部倒入一小
匙左右。

4　製作麵糊。在調理盆中放入奶油乳酪和帕瑪森乳酪隔
水加熱,用橡膠刮刀充分攪拌到成乳霜狀為止。

5　將步驟**4**的麵糊從隔水加熱的鍋中取出,把橡膠刮刀
換成打蛋器,將細砂糖分3次放入並充分攪拌。

6　在步驟**5**的調理盆中分3次倒入蛋液,同時混合均勻。

7　在另一個調理盆內撒入麵粉,鮮奶油分3次加入,充分
混合後再加入步驟**6**。

8　將全部材料混合,然後慢慢攪拌3分鐘。

9　等全部麵糊都攪拌滑順之後再倒入瑪芬模具裡。將模
具在桌面上輕輕敲打排出空氣。

10　放進已預熱220℃的烤箱中烘烤15 ～ 20分鐘。

11　待放涼之後,在乳酪蛋糕表面用毛刷塗上剩餘的焦糖
醬。 **Tips** 如果焦糖醬變硬,可以加入少量的水開小
火煮到融化。

Explanation

使用圓形模具烘烤時,麵糊的份量、溫度、烘烤時間請參照 p.25 的表格。帕瑪森乳酪的用量
約為奶油乳酪用量的 10%。製作焦糖醬的全部材料都要加一倍。

日本老牌超商推出的頂級甜點決定版

口感溫潤的雞蛋風味
巴斯克乳酪蛋糕

有如布丁般的舌尖觸感，是一款加了滿滿蛋黃、口感溫和的巴斯克乳酪蛋糕，
蛋糕表面的澎潤感與中間的滑嫩感是擄獲人心的美味祕訣。
為了讓小孩到老年人都能安心享用，在材料上也特別用心。這是手作才獨有的美味。

材料 9cm瑪芬模具　份量8～9個

奶油乳酪 200g

細砂糖 90g

全蛋（蛋白+蛋黃）..... 50g

蛋黃 ..... 40g（份量約2顆）

麵粉 10g

鮮奶油 150g

＊事前準備工作，麵糊的製作方式請參照
　p.10～23

作法

1　在調理盆中放入奶油乳酪隔水加熱，用橡膠刮刀充分攪拌到成乳霜狀為止。

2　取一個小一點的調理盆，放入全蛋和蛋黃攪拌均勻。

3　將步驟**1**的麵糊從隔水加熱的鍋中取出，橡膠刮刀換成打蛋器，分3次放入細砂糖並充分攪拌均勻。

4　在步驟**3**的調理盆中把步驟**2**分3次倒入攪拌均勻。

5　在另一個調理盆內撒入麵粉，將鮮奶油分3次加入，充分攪拌後再加入步驟**4**。

6　將全部材料混合，然後慢慢攪拌3分鐘。

7　等全部麵糊都攪拌滑順之後再倒入瑪芬模具裡。將模具在桌面上輕輕敲打排出空氣。

8　放進已預熱220℃的烤箱中烘烤15～20分鐘。

Explanation

使用圓形模具烘烤時，麵糊的份量、溫度、烘烤時間請參照 p.25 的表格。蛋黃的用量判斷，
在測量雞蛋重量時先放入兩顆蛋黃，再將蛋白和蛋黃倒入，就是表列中全部雞蛋的用量。

打造高級住宅區大排長龍人氣店家的甜點

濃郁滑順的巴斯克乳酪蛋糕

這款巴斯克乳酪蛋糕以表面微焦的淡淡苦味、與入口即化的濃郁風味為特色。
甜度控制得剛剛好，所以也很適合搭配酒類飲品，
當下午茶享用時，可以加上楓糖漿或是法式果醬。

材料 15cm圓形模具

奶油乳酪 300g

細砂糖 80g

雞蛋 100g

麵粉 8g

鮮奶油 150g

◎裝飾淋醬（依個人喜好）

　楓糖漿、蜂蜜、法式果醬等

　　　..... 適量

＊事前準備工作，麵糊的製作方式請參照
　p.10～23

作法

1　在調理盆中放入奶油乳酪隔水加熱，用橡膠刮刀充分攪拌到成乳霜狀為止。

2　將步驟**1**的麵糊從隔水加熱的鍋中取出，把橡膠刮刀換成打蛋器，將細砂糖分3次放入並充分攪拌。

3　在步驟**2**的調理盆中分3次倒入蛋液並攪拌均勻。

4　在另一個調理盆內撒入麵粉，將鮮奶油分3次加入，充分攪拌後再加入步驟**3**。

5　將全部材料混合，然後慢慢攪拌3分鐘。

6　等全部麵糊都攪拌滑順之後再倒入模具裡。將模具在桌面上輕輕敲打排出空氣。

7　放進已預熱220℃的烤箱中烘烤20～25分鐘。

使用其他模具烘烤時，麵糊的份量、溫度、烘烤時間請參照 p.25 的表格。

一上架就立即完售的人氣咖啡館甜點
傳統風味巴斯克乳酪蛋糕

腦海中浮現出散發著時髦異國情調的餐廳露台座位，
以鬆餅聞名的咖啡館，巴斯克乳酪蛋糕也大受好評。
讓人輕易聯想起入口即化在舌尖的道地風味。

材料 20cm圓形模具

奶油乳酪 500g

細砂糖 160g

雞蛋 200g

麵粉 15g

鮮奶油 250g

◎裝飾

　發泡鮮奶油（鮮奶油與砂糖的比例為

　　10：1打發起泡）..... 適量

＊事前準備工作，麵糊的製作方式請參照
　p.10～23

作法

1　在調理盆中放入奶油乳酪隔水加熱，用橡膠刮刀充
　分攪拌到成乳霜狀為止。

2　將步驟**1**的麵糊從隔水加熱的鍋中取出，把橡膠刮
　刀換成打蛋器，將細砂糖分3次放入並充分攪拌。

3　在步驟**2**的調理盆中分3次倒入蛋液並攪拌均勻。

4　在另一個調理盆內撒入麵粉，將鮮奶油分3次加入，
　充分攪拌後再加入步驟**3**。

5　將全部材料混合，然後慢慢攪拌3分鐘。

6　等全部麵糊都攪拌滑順之後再倒入模具裡。將模具
　在桌面上輕輕敲打排出空氣。

7　放進已預熱220℃的烤箱中烘烤30～40分鐘。

Explanation

使用其他模具烘烤時，麵糊的份量、溫度、烘烤時間請參照 p.25 的表格。

溫潤濃郁的乳酪魅力無法擋
高檔超市風巴斯克乳酪蛋糕

即便是在販售進口食材的高檔超市裡，巴斯克乳酪蛋糕也是超熱賣商品。
麵糊的烘烤火候十分精準到位，蛋糕雖小卻很紮實，非常適合送禮。
凸顯乳酪風味的濃郁口感，無論當成點心或是配酒小點都很合適。

材料 9cm瑪芬模具　份量8～9個

奶油乳酪 180g

布里乳酪（白黴乳酪的一種，表面長黴
　的部分要去掉）..... 36g

細砂糖 60g

雞蛋 90g

麵粉 10g

鮮奶油 150g

＊事前準備工作，麵糊的製作方式請參照
　p.10～23

作法

1　在調理盆中放入奶油乳酪隔水加熱，用橡膠刮刀充
　　分攪拌到成乳霜狀為止。

2　將步驟**1**的麵糊從隔水加熱的鍋中取出，把橡膠刮
　　刀換成打蛋器，將細砂糖分3次放入並充分攪拌。

3　在步驟**2**的調理盆中分3次倒入蛋液並攪拌均勻。

4　在另一個調理盆內撒入麵粉，將鮮奶油分3次加入，
　　充分攪拌後再加入步驟**3**。

5　將全部材料混合，然後慢慢攪拌3分鐘。

6　等全部麵糊都攪拌滑順之後再倒入瑪芬模具裡。將
　　模具在桌面上輕輕敲打排出空氣。

7　放進已預熱220℃的烤箱中烘烤15～20分鐘。

使用圓形模具烘烤時，麵糊的份量、溫度、烘烤時間請參照 p.25 的表格。布里乳酪的份量約
為奶油乳酪份量的 20%。

SAUCE

讓巴斯克乳酪蛋糕變得更美味！

手工佐醬食譜

雖然單吃巴斯克乳酪蛋糕就已十分美味，但搭配佐醬滋味會更豐富。
如果是手工佐醬就能自行調整甜度，品嘗最新鮮的風味。

＊材料是以方便製作的份量表示。

06 柑橘醬

散發著利口酒香氣的醬汁

材料 份量約 150ml

奶油（無鹽）..... 1 大匙

砂糖 ..... 1 大匙

現榨橘子汁 100ml

檸檬汁 ..... 1 小匙

君度橙酒（沒有也 OK）..... 1 小匙

作法

1　在平底鍋中放入奶油以中火加熱，融化後再加入砂糖攪拌均勻。

2　在步驟 **1** 中放入現榨橘子汁、檸檬汁、君度橙酒，等到醬汁稍微變濃稠之後，就轉小火再煮 30 秒左右讓水分收乾，然後離火放涼。

07 焦糖醬

苦味愈強風味愈濃郁

材料 份量約 150ml

砂糖（上白糖）..... 50g

水 ..... 1 大匙又 1/2

鮮奶油 ..... 100ml（事先加熱）

作法

1　在一只小鍋中放入砂糖和水以中火加熱，一直到變成微焦的咖啡色為止，先靜置不需攪拌。

2　當步驟 **1** 的小鍋開始冒煙，鍋中液體變成微焦的咖啡色之後就熄火，少量逐次加入鮮奶油同時攪拌均勻。

3　將步驟 **2** 的小鍋再開小火，煮到醬汁變濃稠之後就離火放涼。

08 奇異果醬

奇異果加了萊姆酒更有大人味

材料 份量約 200ml

奇異果（綠色）..... 2 顆

水 50ml

砂糖 ..... 1 大匙

萊姆酒 ..... 1 小匙

玉米粉 ..... 1 小匙

作法

1　將奇異果和水一起放入食物調理機中打成泥狀。

2　在一只小鍋中放入步驟 **1**、砂糖、萊姆酒和玉米粉，充分攪拌均勻。以中火加熱待醬汁變濃稠後，就轉小火再煮 30 秒左右，然後離火放涼。

09　草莓醬

草莓醬也可當作視覺上的
亮眼點綴！

材料 份量約180ml

草莓（冷凍也OK）..... 100g

水 50ml

砂糖 30g

檸檬汁 1小匙

玉米粉 2小匙

作法

1　將草莓和水一起放入食物調理機中打成泥狀。

2　在一只小鍋中放入步驟1、砂糖、檸檬汁和玉米粉，充分攪拌均勻。

3　將步驟2以中火加熱。待醬汁變濃稠後轉小火再煮2分鐘左右收乾水分，然後離火放涼。

10　檸檬醬

與乳酪蛋糕超搭的酸甜滋味

材料 份量約100ml

檸檬汁 80ml

蜂蜜 3大匙

玉米粉 2小匙

檸檬皮 ..... 1小匙（磨碎）

作法

1　在一只小鍋中放入檸檬汁、蜂蜜和玉米粉，充分攪拌均勻。

2　將步驟1以中火加熱。待醬汁變濃稠後，轉小火再煮2分鐘左右收乾水分，然後加入檸檬皮，離火放涼。

11　黑糖醬

柔和的甜度與香氣
是熟悉的味道

材料 份量約100ml

黑砂糖 60g

水 50g

作法

1　在一只小鍋中放入黑砂糖和水，充分攪拌讓黑砂糖溶化。

2　將步驟1以中火加熱。待醬汁變濃稠後，轉小火再煮2分鐘左右收乾水分，然後離火放涼。

搭配酸甜草莓醬或甜蜜焦糖醬，
更添巴斯克乳酪蛋糕的豐富滋味。

我的巴斯克探訪記 **1**

直擊西班牙巴斯克
的人氣甜點

　　巴斯克地區分屬於西班牙與法國兩國的北部。各自稱為「西班牙巴斯克」和「法國巴斯克」。使用的語言有西班牙文、法文和巴斯克文。不僅是乳酪蛋糕大有名氣，還以全世界屈指可數的美食地區而聞名。

　　屬於西班牙巴斯克地區的城市「聖賽巴斯提安」有著許多酒吧，每一家店都能品嘗到美味的葡萄酒和下酒菜。不強調甜度和酸度的乳酪蛋糕與葡萄酒的獨特組合，在日本也掀起熱議話題，人氣急速竄升。

　　而法國巴斯克地區的特色是有很多的露天咖啡廳，當地人習慣與甜點一起享用熱巧克力和卡布奇諾。馬卡龍的發源地聖讓德呂茲（Saint Jean de Luz）是距離西班牙國界只有15公里的港邊小鎮，也因法王路易十四和西班牙公主瑪麗亞・特蕾莎（Maria Theresa）所舉辦婚禮的教堂就在這裡而聲名大噪。鄰近城市貝雲（Bayonne）是法國最古老的巧克力製作城市，也廣為眾人熟悉。

　　巴斯克地區除了經典的巴斯克乳酪蛋糕之外，還有許多風味獨特的傳統甜點，請大家有空一定要親自造訪品嘗，或許會有更多的新發現喔。

---

① 巴斯克點心的代表作巴斯克蛋糕（Gateau Basque），是以杏仁粉和奶油做成餅皮，內餡夾入果醬或卡士達醬。

② 令人印象深刻的巴斯克旗幟，左邊是加了巧克力的可頌，右邊是加了卡士達醬的杏仁卡士達千層酥派（Pantxineta）。

③ 正統的馬卡龍是款樸素無華的烤餅乾，味甜口感綿密。

④ 聖讓德呂茲（Saint Jean de Luz）可愛的街道風景。知名草編鞋品牌Espadrilles的元祖店舖也在這裡。

⑤ 冒著泡泡的熱巧克力是特色之一，為了想用這款滋味前往貝雲。附帶的發泡鮮奶油可以直接吃也可以放入熱巧克力中一同享用，都很美味。

⑥ 創業於1854年店舖的巧克力片，店內有不同比例的可可和口味，種類十分豐富。

⑦ 甜點也是酒吧裡的人氣料理，就相當於下酒菜一樣，有布丁和蛋糕可供選擇。

⑧ 搭配葡萄酒的乳酪蛋糕，在巴斯克的酒吧裡都是用湯匙挖下一口享用。

43

接著，讓我們一探究竟

更多的巴斯克乳酪蛋糕變化型配方吧！

PART 2

超濃郁！
各種乳酪風味
巴斯克乳酪蛋糕

在巴斯克當地的酒吧裡，乳酪蛋糕和乳酪一樣，都是葡萄酒的好搭檔。就如同想嘗遍各式各樣的乳酪一般，也會想嘗試一下使用不同種類乳酪製作的蛋糕！本章節的食譜可以說是基於對乳酪的熱愛衍生而來，請盡情享用能充分品嘗乳酪特色的巴斯克乳酪蛋糕。從新鮮乳酪到硬質乳酪，料理的方式也不盡相同，無論是當成點心、或搭配葡萄酒享用都超合適！

12
GORGONZOLA CHEESE

風味獨特的藍紋乳酪正是葡萄酒的最佳拍檔
戈貢佐拉巴斯克乳酪蛋糕

巴斯克乳酪蛋糕最正確的吃法是與葡萄酒相親相愛一起享用，
所以這款蛋糕內放入了大量與葡萄酒最速配的藍紋乳酪。
戈貢佐拉乳酪是「世界三大藍紋乳酪」之一，
帶點刺激的風味與軟滑的舌尖觸感是其特色。
雖然是比較重口味的乳酪，
做成巴斯克乳酪蛋糕仍然非常合適。

材料 15cm圓形模具

奶油乳酪 250g

戈貢佐拉乳酪 50g

細砂糖 80g

雞蛋 120g

麵粉 6g

鮮奶油 150g

＊事前準備工作，麵糊的製作方式請參照
　p.10～23

作法

1　在調理盆中放入奶油乳酪和戈貢佐拉乳酪隔水加熱，用橡膠刮刀充分攪拌到成乳霜狀為止。

2　將步驟1的麵糊從隔水加熱的鍋中取出，把橡膠刮刀換成打蛋器，將細砂糖分3次放入並充分攪拌。

3　在步驟2的調理盆中分3次倒入蛋液並攪拌均勻。

4　在另一個調理盆內撒入麵粉，將鮮奶油分3次加入，充分攪拌後再加入步驟3。

5　將全部材料混合，然後慢慢攪拌3分鐘。

6　等全部麵糊都攪拌滑順之後倒入模具裡。將模具在桌面上輕輕敲打排出空氣。

7　放進已預熱220℃的烤箱中烘烤30～40分鐘。

＊戈貢佐拉乳酪的香氣和味道都偏重，即使少量也能充分發揮效果。如果有剩餘的戈貢佐拉乳酪，可以在麵糊倒入模具後撕碎灑於表面。等蛋糕出爐時，就能多享受一種酥脆的口感。

Explanation

使用其他模具烘烤時，麵糊的份量、溫度、烘烤時間請參照 p.25 的表格。戈貢佐拉乳酪的份量約為奶油乳酪份量的 20%。

享受白黴乳酪的口感
康門貝爾巴斯克乳酪蛋糕

康門貝爾乳酪的正宗原產地
是法國諾曼第的一個小村莊康門貝爾（Camembert）。
這是在乳酪表面噴灑白黴菌種，經過熟成製造的軟質乳酪，
直接吃就很美味，如果放入甜點中也是一道完美組合。
這次我保留了白黴的口感，做出一道特別的巴斯克乳酪蛋糕。

材料 15cm 圓形模具

奶油乳酪 200g

細砂糖 80g

雞蛋 120g

麵粉 6g

鮮奶油 150g

康門貝爾乳酪 100g

＊事前準備工作，麵糊的製作方式請參照
　p.10 ～ 23

作法

1　在調理盆中放入奶油乳酪隔水加熱，用橡膠刮刀充分攪拌到成乳霜狀為止。

2　將步驟**1**的麵糊從隔水加熱的鍋中取出，把橡膠刮刀換成打蛋器，將細砂糖分3次放入並充分攪拌。

3　在步驟**2**的調理盆中分3次倒入蛋液並攪拌均勻。

4　在另一個調理盆內撒入麵粉，將鮮奶油分3次加入，充分攪拌後再加入步驟**3**。

5　將全部材料混合，然後慢慢攪拌3分鐘。

6　等全部麵糊都攪拌滑順之後倒入模具裡。

7　將康門貝爾乳酪撕成約一口的大小（用刀切也可以），丟入步驟**6**的麵糊裡。

8　將模具在桌面上輕輕敲打排出空氣。

9　放進已預熱220℃的烤箱中烘烤30 ～ 40分鐘。

使用其他模具烘烤時，麵糊的份量、溫度、烘烤時間請參照 p.25 的表格。康門貝爾乳酪的份量約為奶油乳酪份量的 50%。

以低脂肪、低卡路里的乳酪打造清爽口感

瑞可塔巴斯克乳酪蛋糕

想要大吃特吃卻又擔心卡路里會超標嗎？
特別推薦使用瑞可塔乳酪做成的乳酪蛋糕。
乳酪本身的口感有如豆腐般滑順，帶有一點甜味。
再加上奶油乳酪的濃郁綿密風味，
是一道後味清爽的巴斯克風乳酪蛋糕。

材料 9cm瑪芬模具 份量8～9個

奶油乳酪 150g

瑞可塔乳酪 150g

細砂糖 80g

雞蛋 90g

麵粉 6g

鮮奶油 180g

＊事前準備工作，麵糊的製作方式請參照
　p.10 ～ 23

作法

1　在調理盆中放入奶油乳酪和瑞可塔乳酪隔水加熱，用橡膠刮刀充分攪拌到成乳霜狀為止。

2　將步驟**1**的麵糊從隔水加熱的鍋中取出，把橡膠刮刀換成打蛋器，將細砂糖分3次放入並充分攪拌。

3　在步驟**2**的調理盆中分3次倒入蛋液並攪拌均勻。

4　在另一個調理盆內撒入麵粉，將鮮奶油分3次加入，充分攪拌後再加入步驟**3**。

5　將全部材料混合，然後慢慢攪拌3分鐘。

6　等全部麵糊都攪拌滑順之後再倒入模具裡。將模具在桌面上輕輕敲打排出空氣。

7　放進已預熱220℃的烤箱中烘烤30 ～ 40分鐘。

Explanation

使用其他模具烘烤時，麵糊的份量、溫度、烘烤時間請參照 p.25 的表格。瑞可塔乳酪的份量與奶油乳酪相同。

15

RED CHEDDAR CHEESE

搶眼的橘紅色乳酪令人食指大動

紅色切達巴斯克乳酪蛋糕

切達乳酪有分成紅色和白色，
這次是使用紅色來製作微甜的乳酪蛋糕。
切達乳酪原產自英國，是一種鹹度較高的乳酪。
所以經常會用來放在漢堡裡，加熱後口感會變溫和，
焗烤或製作比薩時也會用到它。

材料 15cm圓形模具

紅色切達乳酪 150g

牛奶 50g

奶油乳酪 150g

細砂糖 50g

雞蛋 90g

麵粉 6g

鮮奶油 150g

◎裝飾

　乾燥水果、堅果、蜂蜜等

　　.... 可依喜好酌量

＊事前準備工作，麵糊的製作方式請參照
　p.10 ～ 23

作法

1　將紅色切達乳酪用削乳酪器削成碎塊狀，或切成3
　～ 4mm的塊狀。

2　在耐熱器皿中加入步驟**1**和牛奶，以微波爐
　（500W）加熱1分鐘。

3　在調理盆中放入奶油乳酪隔水加熱，用橡膠刮刀充
　分攪拌到成乳霜狀為止。

4　將步驟**3**的麵糊從隔水加熱的鍋中取出，把橡膠刮
　刀換成打蛋器，將細砂糖分3次放入並充分攪拌。

5　在步驟**4**的調理盆中分3次倒入蛋液並攪拌均勻。

6　另外使用一個調理盆撒入麵粉，將鮮奶油分3次加
　入，充分攪拌後再加入步驟**5**。

7　將全部材料混合，然後慢慢攪拌3分鐘。

8　等全部麵糊都攪拌滑順之後再倒入模具裡。將模具
　在桌面上輕輕敲打排出空氣。

9　放進已預熱220℃的烤箱中烘烤30 ～ 40分鐘。

Explanation

　　使用其他模具烘烤時，麵糊的份量、溫度、烘烤時間請參照 p.25 的表格。紅色切達乳酪的份
　　量與奶油乳酪相同，牛奶約佔紅色切達乳酪的 34%。

BASQUE 16

GOUDA CHEESE

濃郁的風味與複雜的香氣堪稱絕品

高達巴斯克乳酪蛋糕

荷蘭最具代表性的高達乳酪，依熟成期的不同風味也會改變。
新鮮的乳酪濕潤飽滿、熟成的乳酪風味與香氣都倍增，
有的還帶有牛奶糖般的甜味。無論哪一款都與乳酪蛋糕很搭，
但以 CP 值來說，新鮮的高達乳酪還是勝出。
這款乳酪是屬於半硬質，必須先用削乳酪器削碎之後再使用。

材料 15cm 圓形模具

高達乳酪 150g

牛奶 50g

奶油乳酪 150g

細砂糖 80g

雞蛋 90g

麵粉 6g

鮮奶油 150g

＊事前準備工作，麵糊的製作方式請參照
p.10 ～ 23

作法

1　將高達乳酪用削乳酪器削成小塊，或切成 1 ～ 2mm 大小。

2　在耐熱器皿中加入步驟 **1** 和牛奶，以微波爐（500W）加熱 1 分鐘。

3　在調理盆中放入奶油乳酪和步驟 **2** 隔水加熱，用橡膠刮刀充分攪拌到成乳霜狀為止。

4　將步驟 **3** 的麵糊從隔水加熱的鍋中取出，把橡膠刮刀換成打蛋器，將細砂糖分 3 次放入並充分攪拌。

5　在步驟 **4** 的調理盆中分 3 次倒入蛋液並攪拌均勻。

6　取另一個調理盆撒入麵粉，將鮮奶油分 3 次加入，充分攪拌後再加入步驟 **5**。

7　將全部材料混合，然後慢慢攪拌 3 分鐘。

8　等全部麵糊都攪拌滑順之後再倒入模具裡。將模具在桌面上輕輕敲打排出空氣。

9　放進已預熱 220℃的烤箱中烘烤 30 ～ 40 分鐘。

Explanation

使用其他模具烘烤時，麵糊的份量、溫度、烘烤時間請參照 p.25 的表格。高達乳酪的份量與奶油乳酪相同，牛奶約為高達乳酪的 34%。

BASQUE
17 MAROILLES CHEESE

以口感較為黏稠的水洗乳酪來提高香氣
馬洛瓦爾巴斯克乳酪蛋糕

馬洛瓦爾乳酪是在比利時與法國邊境所生產的水洗乳酪，
茶褐色濕潤的外觀和充滿個性的獨特香氣、以及四角型是其特徵。
當地的傳統料理就是「馬瑞里斯起士派」(Tarth au Maroilles)，
因此以這道料理為靈感，衍生出這款不甜的開胃菜風乳酪蛋糕。

材料 15cm圓形模具

馬洛瓦爾乳酪 ..... 200g（100g為麵糊用，100g之後放入）

牛奶 30g

奶油乳酪 100g

細砂糖 50g

雞蛋 90g

麵粉 6g

鮮奶油 150g

◎裝飾
- 不同顏色的蔬菜 ..... 適量
- 鹽 ..... 少許

＊事前準備工作，麵糊的製作方式請參照 p.10 ～ 23

作法

1. 將100g的馬洛瓦爾乳酪切成1～2mm大小。
2. 在耐熱器皿中加入步驟**1**和牛奶，以微波爐(500W)加熱1分鐘。
3. 在調理盆中放入奶油乳酪和步驟**2**隔水加熱，用橡膠刮刀充分攪拌到成乳霜狀為止(馬洛瓦爾乳酪的顆粒要留下來)。
4. 將步驟**3**的麵糊從隔水加熱的鍋中取出，把橡膠刮刀換成打蛋器，將細砂糖分3次放入並充分攪拌。
5. 在步驟**4**的調理盆中分3次倒入蛋液並攪拌均勻。
6. 取另一個調理盆撒入麵粉，將鮮奶油分3次加入，充分攪拌後再加入步驟**5**。
7. 將全部材料混合，然後慢慢攪拌3分鐘。
8. 等全部麵糊都攪拌滑順之後再倒入模具裡。剩餘的馬洛瓦爾乳酪(100g)切成3～4mm丟入麵糊裡。
9. 將模具在桌面上輕輕敲打排出空氣。
10. 放進已預熱220℃的烤箱中烘烤30～40分鐘。

Explanation

使用其他模具烘烤時，麵糊的份量、溫度、烘烤時間請參照 p.25 的表格。馬洛瓦爾乳酪的總量是奶油乳酪份量的一倍，牛奶約佔馬洛瓦爾乳酪總量一半的 30%。

我的巴斯克探訪記 ②

正宗的巴斯克乳酪蛋糕
要和葡萄酒一起享用

巴斯克以美食之都聞名，其中巴斯克乳酪蛋糕堪稱是最具代表性的超人氣甜點。在日本不但做成了超商甜點，許多咖啡廳也都會提供「巴斯克風」乳酪蛋糕。

不過，正宗的巴斯克乳酪蛋糕，到底是什麼樣子呢？我親自造訪了位於聖賽巴斯提安，以乳酪蛋糕凝聚超人氣的老舖酒吧。

點單之後，服務生送來了兩片切得薄薄的、橫躺的乳酪蛋糕，並附上湯匙而非叉子。這是因為蛋糕內裡質地是令人意想不到的超柔軟半熟狀態。

能夠讓蛋糕內餡維持在可以挖來吃的半熟狀態，首要重點就在於放涼的方式。由於大部分的人都會點乳酪蛋糕來吃，所以店內架上通通放滿了乳酪蛋糕。如果從蛋糕架下方仔細一看，會發現有個圓形的洞，據說就是為了維持蛋糕內餡柔軟度的特殊設計，才能讓中央部分最早變涼。

　此外，依照書中所介紹的24cm模具（請參照p.25）的份量製作蛋糕也相當重要。根據主廚所述，「要烤出中央部分滑嫩的口感，就必須使用大型模具（24cm）製作。如果不是這個大小，就無法烤出這樣的味道。」所以不光是要掌握製作方法的技巧，在材料的份量上也有必須遵循的秘密。

　還有在當地，巴斯克乳酪蛋糕並不是一道下午茶甜點，而是要搭配葡萄酒一起享用。與巴斯克製造的微氣泡白酒Chacoli，和酒體中等的紅酒是最佳組合。巴斯克乳酪蛋糕的特徵就是微焦的苦味和半熟狀態的內餡，就如同品嘗風味濃郁的上等乳酪一般，所以與葡萄酒當然也是絕配。在家中也可以使用大型模具烘烤，和好友或家人手持葡萄酒杯一起享用，是非常適合家庭派對的下酒菜甜點。

① 在聖賽巴斯提安，提起巴斯克乳酪蛋糕時指的就是這裡——蛋糕食譜代代相傳的酒吧「La Vina」。店內架上也陳列著許多乳酪蛋糕。

② 這就是正宗的巴斯克乳酪蛋糕。內餡超軟所以都用湯匙挖著吃，是聖賽巴斯提安風。

③ 櫃檯前有許多人正等著要吃乳酪蛋糕。可能是已經習慣這樣的場面，店員絕不會錯失任何一個人的點單，真的非常厲害！

④ 擠不進酒吧的人則在外頭伺機而動，一看店內騰出空位就趕緊進去，大聲喊出自己想點的乳酪蛋糕和葡萄酒名。

BASQUE

Cheese Cake

PART 3

超吸睛！
創新口味變化
巴斯克乳酪蛋糕

在這個章節裡要為大家介紹帶點層次感的麵糊變化、適合
特殊節日的不同風味麵糊、以及能讓視覺效果變華麗的蛋
糕裝飾法。充滿玩心又超上鏡的變化版巴斯克乳酪蛋糕，
無論是當成悉心製作的禮物，或作為派對的伴手禮都很合
適，彷彿可以聽見大家看見蛋糕的歡呼聲呢。食譜中鮮豔
的食用色素，都嚴選對人體無害的原料，小朋友也能安心
享用喔！

18
辛香柑橘
巴斯克乳酪蛋糕

19
蘋果肉桂奶酥
巴斯克乳酪蛋糕

20
香蕉奶油焦糖
巴斯克乳酪蛋糕

21
脆皮巧克力
巴斯克乳酪蛋糕

SPICY ORANGE

辛香柑橘
巴斯克乳酪蛋糕

清爽的柑橘佐以香味濃烈的辛香料，
是一款融合異國風情的巴斯克乳酪蛋糕。
裝飾部分如果能先放置一晚再使用，
蛋糕也會入味。

材料 9cm瑪芬模型

自選口味巴斯克乳酪蛋糕 8顆
柑橘 1顆
水 50ml
檸檬汁 1大匙
砂糖 1大匙
肉桂粉 1/3小匙
八角 1粒
丁香 2粒
薄荷葉 ..... 少許

作法

1　將柑橘帶皮切成薄片。

2　在一只小鍋中放入步驟**1**、水、
檸檬汁、砂糖、肉桂粉、八角和
丁香，以中火加熱。

3　待沸騰後轉小火，熬煮2分鐘左
右收汁，然後離火放涼。

4　等步驟**3**放涼之後，把成形的香
料(八角、丁香)挑出來丟掉。將
柑橘切片放在巴斯克乳酪蛋糕
上，然後淋上醬汁，最後以薄荷
葉裝飾。

BASQUE
19

CINNAMON APPLE CRUMBLE

蘋果肉桂奶酥
巴斯克乳酪蛋糕

結合蘋果的酸甜滋味、
奶酥的鬆脆口感和肉桂的香氣,
是一道令人食指大動的甜點。
需要烘烤2次,屬於比較紮實的乳酪蛋糕。

材料 15cm圓形模具

自選口味巴斯克乳酪蛋糕 1顆
蘋果 1顆
紅糖 80g
肉桂粉 1小匙
麵粉 50g
奶油(無鹽) 50g

作法

1   將蘋果去皮,切成約3mm左右的條狀後,加入紅糖50g,並撒上肉桂粉。接著放入平底鍋以中火加熱,一直到水分收乾為止。

2   在調理盆中放入麵粉、奶油、紅糖30g,以手指捏碎成散粒狀。

3   把步驟1放在自己喜愛的巴斯克乳酪蛋糕上,然後撒上步驟2。

4   將烤箱預熱至180℃,設定為燒烤(只開上火),約烤15分鐘左右。

BANANA CREAM CARAMEL

香蕉奶油焦糖
巴斯克乳酪蛋糕

大家都喜愛的經典不敗組合！
香蕉的鮮味和發泡鮮奶油的甜味、
以及焦糖的微苦，
都與巴斯克乳酪蛋糕十分速配。

材料 15cm 圓形模具

自選口味巴斯克乳酪蛋糕 ..... 1 顆
香蕉 ..... 2 根
焦糖醬 ..... 適量（請參照 p.39）

◎發泡鮮奶油 200ml
┌ 鮮奶油 200g
└ 砂糖 ..... 3 大匙

作法

1 把香蕉斜切成片。
2 將製作發泡鮮奶油的材料放入
   調理盆，打發成型後放入已裝好
   花嘴的擠花袋中。
3 在巴斯克乳酪蛋糕上將步驟 **1** 滿
   滿鋪上。
4 在步驟 **3** 上擠上大量的步驟 **2**。
5 在步驟 **4** 上淋上焦糖醬。

BASQUE
21

PARI-PARI CHOCOLATE

脆皮巧克力
巴斯克乳酪蛋糕

冰過的巴斯克乳酪蛋糕也出乎意料地超級好吃。
變得脆脆的巧克力外殼和綿密的乳酪蛋糕組合，
是讓人完全沒有抵抗力的一道甜點。

材料 15cm圓形模具

自選口味巴斯克乳酪蛋糕 ..... 將
   1/6顆切成4片
調溫巧克力(黑) 200g

作法

1   把已切片的巴斯克乳酪蛋糕放
   入冰箱冷凍2小時以上。

2   將調溫巧克力切碎後放入調理
   盆中，以60℃的熱水隔水加熱，
   讓巧克力融化。

3   將步驟**1**短暫浸泡在步驟**2**中，
   然後取出放在烘焙紙上。

黑豆抹茶巴斯克乳酪蛋糕

甜度較低的麵糊放入大量抹茶會有一點澀味，
但黑豆與蛋糕裝飾帶來了恰到好處的甜味。
搭配日本茶當然沒問題，換成白酒也很OK。

材料 15cm圓形模具　一整顆

奶油乳酪 300g

細砂糖 100g

雞蛋 90g

麵粉 6g

鮮奶油 200g

抹茶 15g

黑豆（市售的煮黑豆）..... 適量

粉砂糖 ..... 少許

◎裝飾

　發泡鮮奶油（鮮奶油200g、砂糖3大
　匙）..... 200ml

*事前準備工作，麵糊的製作方式請參照
　p.10 ~ 23

作法

1　調理盆中放入奶油乳酪隔水加熱，用橡膠刮刀充分攪拌到成乳霜狀為止。

2　將步驟**1**從隔水加熱的鍋中取出，把橡膠刮刀換成打蛋器，將細砂糖分3次放入並充分攪拌均勻。

3　在步驟**2**的調理盆中分3次倒入蛋液同時攪拌均勻。

4　取另一個調理盆撒入麵粉，將鮮奶油分3次加入，充分攪拌後再加入步驟**3**。

5　將步驟**4**撒入抹茶粉充分攪拌均勻，接著慢慢攪拌3分鐘。

6　在模具底部鋪滿黑豆。

7　等全部麵糊都攪拌滑順之後再倒入步驟**6**裡。然後在桌面上輕輕敲打排出空氣。

8　放進已預熱220℃的烤箱中烘烤30 ~ 40分鐘。

Explanation

使用其他模具烘烤時，麵糊的份量、溫度、烘烤時間請參照 p.25 的表格。抹茶份量約佔奶油乳酪份量的 5%。

23
綜合莓果
巴斯克乳酪蛋糕

24

芒果椰子
巴斯克乳酪蛋糕

BASQUE

23

MIXED BERRY

綜合莓果
巴斯克乳酪蛋糕

莓果的酸味與濃郁的奶油乳酪
堪稱最佳組合。

材料 15cm圓形模具 一整顆

奶油乳酪 250g

細砂糖 80g

雞蛋 120g

麵粉 6g

鮮奶油 150g

原味優格 30g

綜合莓果（麵糊用）（冷凍）...... 60g

◎裝飾

┌ 綜合莓果（冷凍）..... 150g

│ 水 50g

└ 砂糖 30g

＊事前準備工作，麵糊的製作方式請參照
　p.10 ～ 23

作法

1　調理盆中放入奶油乳酪隔水加熱，用橡膠刮刀充分
　　攪拌到成乳霜狀為止。

2　將步驟**1**從隔水加熱的鍋中取出，把橡膠刮刀換成
　　打蛋器，將細砂糖分3次放入並充分攪拌均勻。

3　在步驟**2**的調理盆中分3次倒入蛋液同時攪拌均勻。

4　取另一個調理盆撒入麵粉，將鮮奶油分3次加入，
　　充分攪拌後再加入步驟**3**。

5　將綜合莓果、優格和3大匙水（另行準備）放入食物
　　攪拌器中打成泥狀。接著放入步驟**4**中攪拌均勻，
　　之後再慢慢攪拌3分鐘。

6　等全部麵糊都攪拌滑順之後再倒入模具裡。在桌面
　　上輕輕敲打排出空氣。

7　放進已預熱220℃的烤箱中烘烤30 ～ 40分鐘。

8　製作蛋糕裝飾。在鍋中放入水和砂糖以中火加熱。
　　待砂糖溶化後加入綜合莓果一起攪拌至黏稠，再花
　　2分鐘左右收汁然後離火放涼。

Explanation

使用其他模具烘烤時，麵糊的份量、溫度、烘烤時間請參照 p.25 的表格。綜合莓果（麵糊用）
約佔奶油乳酪份量的 24%、原味優格約佔 12%。

芒果椰子
巴斯克乳酪蛋糕

熱帶水果的香氣讓巴斯克乳酪蛋糕
充滿夏日風情！

材料 15cm圓形模具　一整顆

奶油乳酪 250g

細砂糖 50g

雞蛋 90g

麵粉 6g

椰奶粉 30g

鮮奶油 150g

芒果餡 150g

◎裝飾
- 芒果 ..... 適量
- 薄荷葉 ..... 少許

＊事前準備工作，麵糊的製作方式請參照
　p.10 ～ 23

作法

1　在調理盆中放入奶油乳酪隔水加熱，用橡膠刮刀充分攪拌到成乳霜狀為止。

2　將步驟 **1** 從隔水加熱的鍋中取出，把橡膠刮刀換成打蛋器，將細砂糖分 3 次放入並充分攪拌均勻。

3　在步驟 **2** 的調理盆中分 3 次倒入蛋液同時攪拌均勻。

4　取另一個調理盆撒入麵粉，將鮮奶油分 3 次加入攪拌，然後加入步驟 **3**。接著再加入椰奶粉充分攪拌均勻。

5　在步驟 **4** 中放入芒果餡充分攪拌均勻，然後再慢慢攪拌 3 分鐘。

6　等全部麵糊都攪拌滑順之後倒入模具裡。在桌面上輕輕敲打排出空氣。

7　放進已預熱 220℃的烤箱中烘烤 30 ～ 40 分鐘。

Explanation

使用其他模具烘烤時，麵糊的份量、溫度、烘烤時間請參照 p.25 的表格。芒果餡約佔奶油乳酪份量的 60%、椰奶粉約佔 12%。

珍珠茉莉花茶巴斯克乳酪蛋糕

超人氣的珍珠奶茶巴斯克風乳酪蛋糕，
不用紅茶，而改用茉莉花茶製作。
麵糊中加入少量的茶葉，享用時能直接感受到茉莉花香。

材料 15cm圓形模具 一整顆

奶油乳酪 250g
細砂糖 80g
雞蛋 90g
麵粉 6g
鮮奶油 200g

◎茉莉花茶（水）

水 80g
茉莉花茶（茶葉）..... 3小匙

◎裝飾

發泡鮮奶油（鮮奶油200g、砂糖3大
匙）..... 200ml
珍珠粉圓（已煮好的）..... 適量
黑糖醬 ..... 適量（請參照p.40）

＊事前準備工作，麵糊的製作方式請參照
p.10 ～ 23

作法

1 在調理盆中放入奶油乳酪隔水加熱，用橡膠刮刀充分攪拌到成乳霜狀為止。

2 將步驟**1**從隔水加熱的鍋中取出，把橡膠刮刀換成打蛋器，將細砂糖分3次放入並充分攪拌均勻。

3 在步驟**2**的調理盆中分3次倒入蛋液同時攪拌均勻。

4 取另一個調理盆撒入麵粉，將鮮奶油分3次加入，充分攪拌後倒入步驟**3**中，再次攪拌均勻。

5 製作茉莉花茶。在一只小鍋中倒入水以中火加熱，再加上2小匙茶葉煮開。然後關火靜置5分鐘，以濾網將茶葉撈出來，茉莉花茶倒入步驟**4**中。

6 將剩餘的茶葉1小匙加入步驟**5**全部攪拌均勻，之後再慢慢攪拌3分鐘。

7 等全部麵糊都攪拌滑順之後倒入模具裡。在桌面上輕輕敲打排出空氣。

8 放進已預熱220℃的烤箱中烘烤30 ～ 40分鐘。

Explanation

使用其他模具烘烤時，麵糊的份量、溫度、烘烤時間請參照 p.25 的表格。茉莉花茶（液）約佔奶油乳酪份量的 32%。

26

濃郁雙層巧克力
巴斯克乳酪蛋糕

27
義式濃縮咖啡
巴斯克乳酪蛋糕

BASQUE
26
DOUBLE CHOCOLATE

濃郁雙層巧克力
巴斯克乳酪蛋糕

使用濃郁巧克力麵糊的
巴斯克乳酪蛋糕！

材料 15cm圓形模具 一整顆

奶油乳酪 250g

調溫巧克力（黑・麵糊用，切碎放入調理
　盆、隔水加熱融化）..... 100g

細砂糖 ..... 50g　　雞蛋 80g

麵粉 ..... 5g　　可可粉 10g

鮮奶油 180g

◎裝飾（甘納許奶油）
[
調溫巧克力（黑）..... 100g
鮮奶油 150g
]

＊事前準備工作，麵糊的製作方式請參照
　p.10 ～ 23

作法

1　在調理盆中放入奶油乳酪隔水加熱，用橡膠刮刀充分攪拌到成乳霜狀為止。離開隔水加熱後，把橡膠刮刀換成打蛋器，將融化的調溫巧克力放入攪拌均勻。

2　將細砂糖分3次放入步驟**1**並充分攪拌均勻，接著再將蛋液分3次倒入同時攪拌均勻。

3　將混合了麵粉與鮮奶油的原料和可可粉一起放入步驟**2**，慢慢攪拌3分鐘。

4　等麵糊攪拌滑順之後倒入模具，在桌面上輕輕敲打排出空氣，然後放進已預熱220℃的烤箱中烘烤30～ 40分鐘。

5　將裝飾用的調溫巧克力放入調理盆，再加入快要煮開的熱鮮奶油充分攪拌均勻，淋在整個蛋糕上。

Explanation

使用其他模具烘烤時，麵糊的份量、溫度、烘烤時間請參照 p.25 的表格。調溫巧克力（麵糊用）約佔奶油乳酪份量的 40%、可可粉約佔 4%。

BASQUE

27

ESPRESSO

義式濃縮咖啡
巴斯克乳酪蛋糕

入口即化又帶點苦味的
成熟大人風味。

材料 15cm圓形模具 一整顆

奶油乳酪 250g

細砂糖 100g

雞蛋 90g

麵粉 6g

鮮奶油 180g

◎義式濃縮咖啡（液）

> 牛奶 50g
> 即溶咖啡（粉末或顆粒）..... 20g

＊事前準備工作，麵糊的製作方式請參照
　p.10 ～ 23

作法

1 在調理盆中放入奶油乳酪隔水加熱，用橡膠刮刀充
分攪拌到成乳霜狀為止。

2 將步驟**1**從隔水加熱的鍋中取出，把橡膠刮刀換成
打蛋器，將細砂糖分3次放入並充分攪拌均勻。

3 在步驟**2**的調理盆中分3次倒入蛋液同時攪拌均勻。

4 取另一個調理盆撒入麵粉，將鮮奶油分3次加入，
充分攪拌後再加入步驟**3**。

5 製作義式濃縮咖啡(液)。在小鍋中放入牛奶以中火
加熱，然後加入即溶咖啡溶解。

6 在步驟**4**中加入步驟**5**攪拌均勻，接著再慢慢攪拌
3分鐘。

7 等全部麵糊都攪拌滑順之後倒入模具裡。在桌面上
輕輕敲打排出空氣。

8 放進已預熱220℃的烤箱中烘烤30 ～ 40分鐘。

＊ 如果是以專業的義式咖啡機來沖煮，就不需要用牛奶稀釋，義
　式濃縮咖啡單獨的份量就設定為70g。

Explanation

使用其他模具烘烤時，麵糊的份量、溫度、烘烤時間請參照 p.25 的表格。義式濃縮咖啡（液）
約佔奶油乳酪份量的 28%。

BASQUE

28 HAWAIIAN STYLE

夏威夷風巴斯克乳酪蛋糕

色彩繽紛的水果與花朵，
是甜點裝飾絕對不可或缺的配角。
巴斯克也是一座靠海的城市，
夏威夷風感覺也很合適喔～

材料 20cm圓形模具

自選口味巴斯克乳酪蛋糕 1片
草莓 1粒
鳳梨 30g
葡萄（2色）..... 1小匙
粉砂糖 50g
發泡鮮奶油（請參照p.66的發泡鮮奶油作法）..... 50g
石斛蘭 1朵

作法

1 在一個大盤子的中央放上巴斯克乳酪蛋糕。
2 把水果切成容易食用的大小，色系交錯地散列擺在在盤上。
3 將粉砂糖撒在整個盤子上。
4 發泡鮮奶油裝入一個小器皿中，擺放在旁邊。
5 最後擺上石斛蘭。

奶油堅果
巴斯克乳酪蛋糕

利用奶油與堅果，
就能重現超商的超人氣頂級甜點。

材料 9cm瑪芬模具

自選口味瑪芬型巴斯克乳酪蛋糕 2顆
發泡鮮奶油（請參照p.66的發泡鮮奶油作法）
..... 4大匙
堅果（杏仁、核桃等）..... 少許（切碎）

作法

1 將發泡鮮奶油放入已裝上花嘴的擠花袋中。
2 在巴斯克乳酪蛋糕上擠上發泡鮮奶油，最後裝飾堅果粒。

蒙布朗風
巴斯克乳酪蛋糕

使用市售的栗子奶油，
也能瞬間完成夢幻甜點蒙布朗。

材料 9cm瑪芬模具

自選口味瑪芬型巴斯克乳酪蛋糕 2顆
栗子奶油（市售）..... 4大匙
發泡鮮奶油（請參照p.66的發泡鮮奶油作法）
..... 3大匙
糖漬栗子 2粒
粉砂糖 ..... 少許

作法

1 在調理盆中放入栗子奶油和發泡鮮奶油2大匙，用打蛋器充分攪拌均勻。
2 將步驟1放入已裝上花嘴的擠花器中，以麵條狀擠在巴斯克乳酪蛋糕上。
3 把剩餘的發泡鮮奶油擠在最上方，然後放上糖漬栗子，最後撒上粉砂糖。

BASQUE
31

CHRISTMAS TREE

聖誕節
巴斯克乳酪蛋糕

擠上聖誕樹鮮奶油的巴斯克乳酪蛋糕。
只要裝飾得五彩繽紛，絕對能炒熱氣氛。

材料 9cm 瑪芬模具

自選口味瑪芬型巴斯克乳酪蛋糕..... 8 顆

鮮奶油 200ml

砂糖 ..... 3 大匙

食物色素（綠色和藍色等）..... 少許（如果是粉末，
以少量的水就能溶解）

糖珠（銀）、巧克力等 ..... 適量

作法

1　在調理盆中放入鮮奶油、砂糖和食用色素，
然後打發成型。

2　將步驟1放入已裝好花嘴的擠花袋中，在
巴斯克乳酪蛋糕上擠出針葉樹的造型。

3　在四處撒上銀色糖珠，也可以用巧克力來
裝飾。

BASQUE
32

HALLOWEEN

萬聖節
巴斯克乳酪蛋糕

可以當作禮物送給來要糖果的小朋友，
讓大家又驚又喜的一款迷你乳酪蛋糕。

材料 9cm 瑪芬模具

自選口味瑪芬型巴斯克乳酪蛋糕..... 8 顆

棉花糖 ..... 8 顆

砂糖 ..... 1 大匙　　鮮奶油 100ml

食物色素（黑色）..... 適量（如果是粉末，以少量
的水就能溶解）

糖珠（銀）..... 少許

作法

1　在棉花糖上用食用色素描繪出鬼臉。

2　在調理盆中放入鮮奶油、砂糖和食用色素，
然後打發成型。

3　將步驟2放入已裝好花嘴的擠花袋中，擠
在巴斯克乳酪蛋糕上。

4　在蛋糕中央放上步驟1，撒上銀色糖珠。

情人節巴斯克乳酪蛋糕

一年一度最重要的日子當然不能允許失敗！
雖然看起來很甜，但內餡綿密，非常適合搭配酒類品嘗，
這樣的巴斯克乳酪蛋糕妳覺得如何呢？

材料 15cm圓形模具 一整顆

p.78的濃郁雙層巧克力乳酪蛋糕 1
顆

心型餅乾（可以事先以巧克力筆寫下訊息）
..... 1片

玫瑰花瓣或常春藤等

（花和植物不可食用）..... 適量

作法

1　在巴斯克乳酪蛋糕的中央，放上心型餅乾。

2　以紅色大理石巧克力包圍住心型餅乾來裝飾。

3　最後擺上玫瑰花瓣和常春藤。

[Journey to] BASQUE

我的巴斯克探訪記 **3**

在巴斯克
尋找難忘的感動美食

　　在巴斯克，世界上數一數二的米其林餐廳可是琳瑯滿目。光是從聖賽巴斯提安開車不到十分鐘的距離內，就有十八間星級餐廳。而且全西班牙十一間米其林三星餐廳中，居然有三間都在聖賽巴斯提安。

　　新鮮的食材隨手可得，是巴斯克成為美食寶庫的原因之一。為了追求這些美味食材，手藝精湛的主廚們從全世界聚集而來，將廚房變成了發揮創意的場所，不斷研發出令人為之讚嘆的料理。

　　在聖賽巴斯提安，有很多家因為熱愛料理而聚集在一起共同製作、品嘗美食與美酒的「美食俱樂部」。絕大部分都是只限男性的會員制俱樂部，如果未經邀請則不得其門而入。此外，在巴斯克還有一所培養專門人才的四年制料理技術大學，由此可見這個地區對於飲食生活的講究。

　　「將言語無法表達的東西用料理來呈現」，是聖賽巴斯提安給我的印象。在酒吧的櫃檯上排列著以牙籤串起的下酒菜 Pincho、傳統的西班牙開胃菜 Tapas等小份量熱食，每一道都很美味。從高級餐廳到平民食堂和酒吧，無論坐著吃或站著吃都能提供同樣品質的料理，也是令我感動的一點。

　　聚集了從世界各地遠道而來美食家的聖賽巴斯提安，是一座充滿了美食驚喜的城市。除了聞名遐邇的乳酪蛋糕之外，也很值得為了探訪美食走一趟喔。

① 這位是我的嚮導山口純子小姐，同時也是「巴斯克美食俱樂部」網站的負責人。在當地擔任導遊、翻譯溝通、城市建設諮詢等工作。

② 中午時分街道上的家族和觀光客都不少，但卻出乎意料地十分安靜。

③ 要判斷一家酒吧美味與否，就看地面上是不是有很多散落的紙張和竹籤。

④ 份量少少的Pincho和Tapas也都很美味！一分Pincho約2歐元。

⑤ 最令我難忘的一道菜就是當季食材的炒牛肝菌菇，和冰過的微氣泡白酒Chacoli是最佳組合。

⑥ 串著橄欖、青辣椒和鰻魚的Gilda是最具代表性的Pincho。

作者簡介

藤澤Celica

夏威夷・海島料理研究家、抗老顧問、香草植物資格認定師。

30年以上旅居夏威夷的經驗,讓她對於夏威夷料理、鬆餅到美式甜點都有很深的研究。此外,也曾在甜點師傅、法式料理主廚的身旁學習累積經驗。曾在巴里島和泰國、加州等地不同國家的餐廳精進。最受好評的就是初學者也不會失敗的甜點食譜。同時也是ALOHA DELI、South Point的負責人。著有《夏威夷風甜點&熟食》、《夏威夷風鬆餅食譜》、《班尼迪克蛋&法式吐司食譜》(皆由小社刊出版) 等書籍。

日本工作團隊

設計
楯 まさみ

攝影
大木慎太郎

造型
South Point

花藝統籌
福島康代

巴斯克乳酪蛋糕統籌
山口純子

校稿
今西文子(DICTION)

企劃・編輯
成田すず江(株式会社
TEN COUNT)

攝影協力
福島啓二
Floral_Atelier
UTUWA
西班牙政府觀光局

生活樹　生活樹系列 081

巴斯克乳酪蛋糕：
正統風味、名店配方、升級口感，
33 款成功率 100% 的好吃配方
絕品！バスクチーズケーキ

作　　者　藤澤 Celica
譯　　者　葉明明
總 編 輯　何玉美
主　　編　紀欣怡
責任編輯　謝宥融
封面設計　Rika Su
版面設計　楊雅屏
內文排版　楊雅屏

出版發行　采實文化事業股份有限公司
行銷企劃　陳佩宜・黃于庭・馮羿勳・蔡雨庭
業務發行　張世明・林坤蓉・林踏欣・王貞玉・張惠屏
國際版權　王俐雯・林冠妤
印務採購　曾玉霞
會計行政　王雅蕙・李韶婉・簡佩鈺
法律顧問　第一國際法律事務所　余淑杏律師
電子信箱　acme@acmebook.com.tw
采實官網　www.acmebook.com.tw
采實臉書　www.facebook.com/acmebook01

Ｉ Ｓ Ｂ Ｎ　978-986-507-130-1
定　　價　330 元
初版一刷　2020 年 6 月
劃撥帳號　50148859
劃撥戶名　采實文化事業股份有限公司
　　　　　104 台北市中山區南京東路二段 95 號 9 樓
　　　　　電話：(02)2511-9798　傳真：(02)2571-3298

國家圖書館出版品預行編目資料

巴斯克乳酪蛋糕：正統風味、名店配方、升級口感，33 款成功率 100% 的好
吃配方 / 藤澤 Celica 著；葉明明譯 . -- 初版 . -- 臺北市：采實文化，2020.06
88 面；19×26 公分 . -- ﹝生活樹系列；81﹞
ISBN 978-986-507-130-1﹝平裝﹞

1. 點心食譜

427.16　　　　　　　　　　　　　　　　　　　　109005378